U0212297

图书在版编目（CIP）数据

大象 / (西) 罗莎・科斯塔-保罗, (西) 马尔塔・班德烈著 ; (西) 莱昂纳多・梅斯基尼绘 ; 程琳翻译. -- 北京 : 北京联合出版公司, 2017.8

（动物家庭）

ISBN 978-7-5596-0469-9

Ⅰ. ①大… Ⅱ. ①罗… ②马… ③莱… ④程… Ⅲ. ①长鼻目—少儿读物 Ⅳ. ①Q959.845-49

中国版本图书馆CIP数据核字(2017)第122037号

大 象

著　　者：(西) 罗莎・科斯塔-保罗, (西) 马尔塔・班德烈
绘　　者：(西) 莱昂纳多・梅斯基尼
译　　者：程 琳
责任编辑：李　红　夏应鹏
封面设计：门乃婷
装帧设计：季　群

北京联合出版公司出版
（北京市西城区德外大街83号楼9层　100088）
北京联合天畅发行公司发行
北京旭丰源印刷技术有限公司印刷　新华书店经销
字数277千字　710毫米×1000毫米　1/12　3印张
2017年8月第1版　2017年8月第1次印刷
ISBN 978-7-5596-0469-9
定价：35.00元

动物家庭

大象

〔西〕罗莎·科斯塔-保罗　马尔塔·班德烈 著
〔西〕莱昂纳多·梅斯基尼 绘　程琳 译

北京联合出版公司
Beijing United Publishing Co.,Ltd.

目 录

生存环境 在水边

为了每天都能洗澡，大象通常都住在有水的地方。大象那长长的鼻子可以让它们在取水的同时还可以顺便给自己洗澡降温。所以，大象的新家也必须是有水和有河流的地方。

成员关系 家庭生活

大象的家是个大家庭，由大象爸爸、大象妈妈、未成年小象和一些已经成年却又年轻的大象组成。在家庭中会有一头年长的大象带领和指引家庭成员前进。一家人互相照顾，互相帮助，互相保护以防任何不好的事情在它们身上发生。

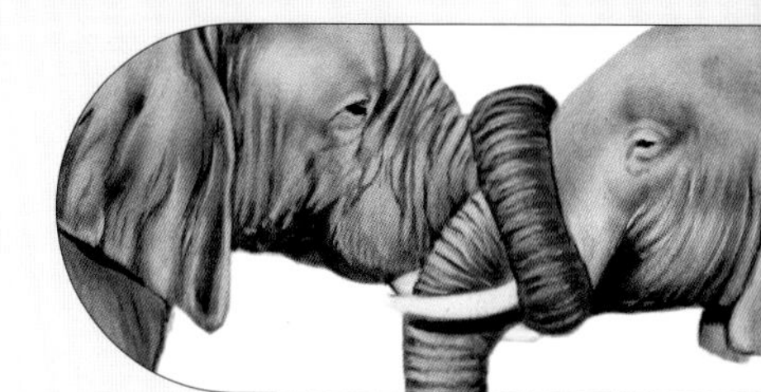

食物 大象吃什么

青草和新鲜的树枝是大象最爱的食物。一个大象家族一天就会吃掉上千千克的食物。它们吃完了附近的食物后就会开始新一轮的搬家，因为它们必须寻找新的觅食地点。

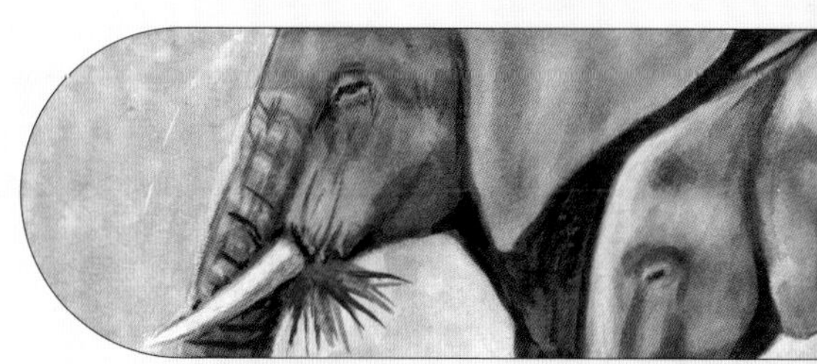

繁殖 小象出生啦

在大象妈妈怀孕22个月以后，小象宝宝出生了。在分娩时，家庭里的其他成员都会来保护大象妈妈。刚出生的小象只有100千克重，此时它还摇摇晃晃不能站稳呢。

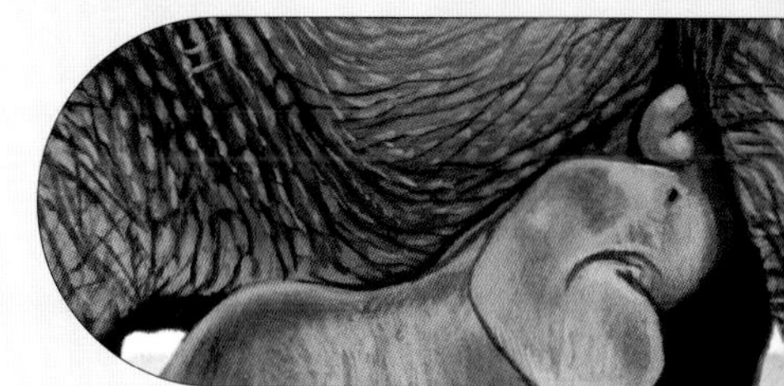

成长 和妈妈在一起

小象的学习过程很长，直到4岁时它还要在妈妈身边吃奶呢。当它长大一些，知道如何自己照顾自己了，就会离开大家族自己生活或是几只大象组成一个新的小团体。

敌人 大型猫科动物和人类

虽然大象是陆地上最大的哺乳动物，但是它们也有天敌——大猫和蛇。大象们每天都要时刻提防四周的埋伏，以防遭到袭击。虽然大象的身体很庞大，一般的动物难以对它们造成威胁，可是一旦它们的鼻子受了伤，那么它们可就危险了。

生存环境 在水边

河水缓缓流过，大象们正在河里洗澡。大象家族里的所有成员都喜欢在河水里洗澡。它们每天都要一起洗澡。大象们像淋浴一样把鼻子吸满水再从头顶上倒下来。洗完澡后它们会在泥土上打滚，等水干了，泥土会保护它们的皮肤不被烈日和昆虫所伤害。大象用长鼻子来喝水和呼吸。

爬坡对于未成年的象宝宝来说是很困难的。象宝宝需要妈妈的帮助才能爬上河岸的坡。

水是大象生活的基本元素之一。

象妈妈用它强壮的鼻子来
帮助它的孩子。

兴趣小常识

你知道吗?

• 大象一天要喝 130 升左右的水；成年公象的鼻子一次可以吸起 8～10 升的水。

大象们在河水里玩耍、冲凉、游泳。它们是很棒的游泳选手。它们有时会游过河流，有时会踩着河底过河，它们在水里的时候会把长鼻子伸出水面来呼吸，就好像潜望镜一样。

大象会一直跟着河水的流动迁徙数百千米。但是当大象家族找不到流动的河水时，它们会找附近的泥潭来洗泥澡。洗完之后，它们的皮肤会染成泥浆的颜色。

当旱季来临，大象会用后蹄和长牙刨坑来寻找泉水，再用长鼻子把水吸出来。

长鼻子是大象寻找地下水的有力工具。

小象的脚印

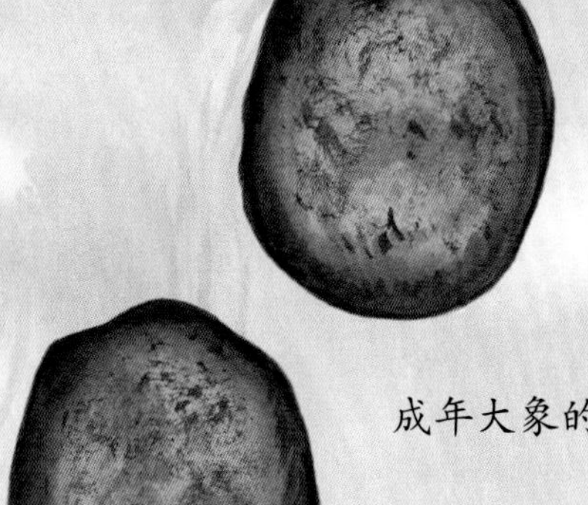

成年大象的脚印

世界上有两种大象：一种居住在撒哈拉以南的非洲；另一种居住在印度和其他东南亚地区。

非洲象

亚洲象

身份卡片

非洲象：
高度：3.5~4.5 米
重量：4000~7000 千克（母象较轻）
鼻子：末端有两个突出的指状物
脊背：略微向下塌陷
非洲象是体型最大的大象，耳朵也比亚洲象大。它们的一颗象牙可以长达 3 米、60 千克重。

身份卡片

亚洲象：
高度：2.1~3.7 米
重量：2500~5500 千克（母象较轻）
鼻子：末端只有一个突出的指状物
脊背：略微向上隆起
亚洲象体型比非洲象小，它们的耳朵和牙更小。

成员关系 家庭生活

大象家庭的成员数保持在 11~13 头。每个家庭都由一只年长的母象领导，其他成员包括它的成年妹妹和女儿、年轻的公象、带小象的妈妈和她们的孩子。家族的首领是象群中最年长和最强壮的母象。成年公象生活在由一头公象领导的集体里。

象群中所有的成员都会互相照顾，共同合作。当危险来临时，大象爸爸会保卫整个象群的安全。但是，每个家庭的团结才是整个象群团结的基础。大象妈妈们互相帮助来养育小象，它们也会养育那些没有妈妈的小象孤儿。象群首领的女儿一生都会留在象群里。公象会在成年后离开象群，到由成年公象组成的集体中去居住，或是独自生活一段时间。

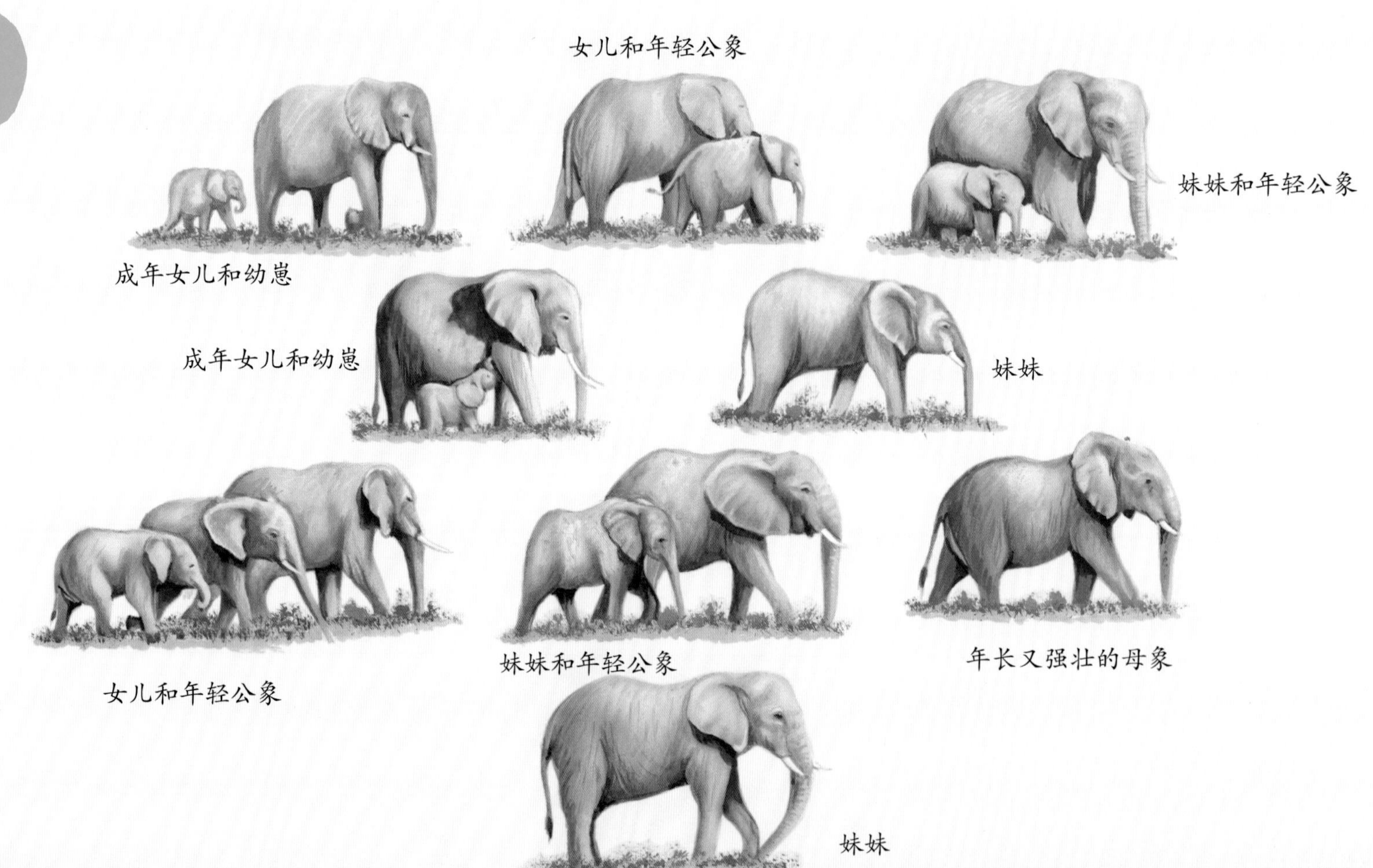

一个家族中的大象经常互相交流。它们会互相摩擦身体，还会互相碰鼻子或是把鼻子缠在一起。它们也会用鼻子来相互喂食。

大象生气时会发出一种嗥叫，危险来临时，它们也会用这种嗥叫向同伴发出警报或是吓跑敌人。

大象的听觉非常灵敏。大象彼此距离很远时，会通过一种人耳听不到的声波来进行交流。这种声波可以帮助大象寻找正确的路。

两头大象把鼻子缠在一起来交流感情。

大象的叫声听起来像小号。

这只大象正在通知同伴前方存在的危险。

所有的大象都会帮助那些身体虚弱的大象。

任何一只被困在沼泽里或是在打斗中受伤的大象都会得到同伴的帮助，它们会救助并一直保护它直到完全脱离险境。如果发现了一只受伤或者生病的同伴，它们做的第一件事就是帮助它站起来。其他的大象会在周围守护它，使它不被敌人攻击。

如果一只大象伤得过重，其他同伴会一直守护在它的身边，并用鼻子安抚它。

如果最终它死了，其他的大象会照顾它的孩子。之后，象群会在尸体边停留几天，这是对同伴表示尊重。

当一只小象死去时，在和它永远告别前，象妈妈会把孩子的尸体放在自己的象牙上一段时间。

中午，大象家族会在树荫下休息。当夜幕降临时，它们聚集到小水塘或是小溪边过夜。大象习惯侧躺向一面睡觉，它们会用草来做枕头。有时，你可以听到它们的呼噜声。

当家族其他成员都在睡觉时，会有一只母象在周围保卫成员们的安全，它时刻注意着周围的动静，以防敌人偷袭。

当大象熟睡时，

它的同伴会呵护着它们的美梦。

食物 大象吃什么

大象每天把大部分的时间都花在寻找食物上，它们需要吃很多东西来填饱那巨大的肚子。每个家庭一天要吃掉数千千克的植物，一片区域的食物很快就会被吃光。因此，象群一直在沿着适合它们的生存路线迁徙，通常这些路线都是沿着河流的走向。

大象的牙可以帮助它们在艰难的环境条件下取到食物。它可以帮大象够到高处的树叶，也可以挖到长到地下的植物根茎。当它们取食高处的树叶时，强壮的后蹄会让它们保持站立姿势。当它们取食地下的食物时，则会弯曲膝盖。在取食之前，它们会先用鼻尖触碰几下食物，然后再把食物送到嘴里咀嚼。

大象最喜欢的食物是新鲜的草，此外它们也很喜欢吃水果、树皮、树枝、根茎和嫩芽。

大象的鼻子可以折下树枝、剥下树皮，甚至拔下整棵树。它们的鼻子不但很有力量，而且还特别的灵巧。它们可以轻松地把食物送进嘴里，甚至可以轻松地拿走小孩儿手里的一粒花生。

大象一般是在清晨和午后进食，它们吃东西的时候会发出巨大的声响来报告自己所在的位置，以免家族里其他成员找不到它。一旦响声停止，其他大象就会很快赶过去看看发生了什么，因为响声停止就意味着危险可能就在身边。

你知道吗？

兴趣小常识

- 为了生存，每只大象一天要吃至少 130 千克的植物哦。

象群寻找食物和水的迁徙之路是漫长而危险的，

旱季时，口渴的大象会挖掘干涸的河床来寻找水源。如果没有找到食物和水源，它们就会离开这里。在迁徙的途中，它们会经过陌生的地方，面对未知的危险。

象群一般都会把迁徙的时间选择在晚上，因为这时候天气比较凉爽。

尽管有时迁徙的路很长，首领还是会依靠它的经验努力地为大家寻找水草丰富的地方供大家栖息。

但是象群的首领会一直引导大家。

繁殖 小象出生啦

在热带的阳光下，象爸爸和象妈妈一起觅食，一起洗澡，一起度过很多时间。它们喜欢把鼻子缠在一起交流感情，互相爱抚。有时它们还会互相喂食，共同分享美味的食物。象爸爸和象妈妈很恩爱，它们即将拥有爱情的结晶——一头小象。

非洲象怀孕时间为 22 个月。
亚洲象怀孕时间为 21 个月。

正在孕育象宝宝的象妈妈是家族里非常重要的成员，所有大象都会保护它。

家族里每一位成员都会为小象的出生而欢呼。

非洲象群在雨林或是河边迁徙时，如果有象妈妈要生宝宝，象群会立即停下来。大象们会在准妈妈周围围成一个圈。这时会有另一只母象来帮助它生产。其他的公象则会在四周守卫，保护即将生产的象妈妈不被敌人袭击。

亚洲象会用另一种方式帮助象妈妈生宝宝。快要生产时，象妈妈和帮助它的大象通常会在树下先选出一块地方。它们会在象妈妈的周围用树叶建一道墙。当象妈妈生产时，其他大象会一直在它身边吼叫，赶走所有威胁的敌人。

象宝宝出生啦！尽管它的体重已经有 90~100 千克，但是和它妈妈相比就显得太小了。小象的身上长着很多毛，这时候它的象牙还很小，耳朵贴在脑袋上，鼻子也非常短。直到 6 个月大的时候，它才

刚出生的小象

小象摇摇晃晃地站了起来。

象宝宝迈出它的第一步。

开始学习如何使用鼻子。

初生小象费了很大的力气站起来并保持住身体的平衡，在原地站立半小时后，小象终于可以向前迈出一步。

之后，小象会待在妈妈的两条前腿中间，在这里，它会感到很安全。它张开嘴，吃到了生命中的第一口食物——妈妈的奶水。

几天之后，妈妈和宝宝和大象家族汇合，继续走上迁徙的道路。象宝宝现在会走路了，但是走得还很慢，所以象群走得要比平时慢一些。在行进时，象宝宝会用它的小鼻子抓住妈妈的尾巴。

母乳是小象的第一种食物。

成长 和妈妈在一起

小象生命中的第一年是在妈妈的两条前腿中间度过的。妈妈会时刻保护它的安全。象爸爸也会保护它，但是并不会直接照顾它。象宝宝所有生活起居都要依靠妈妈。

大象的童年很长。象妈妈会给小象喂奶直到 4 岁，甚至到 7 岁。

象妈妈也可以给家族其他需要喝奶的象宝宝喂奶，象宝宝也可以喝家族里其他象妈妈的奶。到 7 岁时，小象的体重就已经有 1000 千克了。

小象一直和妈妈在一起。

大象妈妈给它的宝宝和其他的小象喂奶。

玩耍时要小心哦！

大象妈妈的成年女儿也会保护和教育小象。在迁徙时，小象也会用鼻子抓住姐姐的尾巴。

虽然小象大部分时间都在妈妈身边，但是它们还是很贪玩的，因为周围的一切都足以引起它们的好奇。小象们互相推搡打闹，当发出的声音太大或是妈妈觉得有潜在危险时，妈妈就会用鼻子轻轻地拍打小象来提醒它们注意安全。如果小象走得太远，象妈妈会立刻用鼻子拉住它的尾巴，并把它拽回到自己身边。

通过玩耍，象宝宝熟悉了周围的环境，逐渐学会了如何在象群中生活。

小象们开始慢慢学着像成年大象一样寻找食物，它们遇到危险或困难时会立即向成年大象求助以脱离险境。

到 2 岁时，小象的牙长了出来。象牙在它们的一生中会不断生长。大象利用象牙来剥下树皮，挖出水和植物的根茎。它们也会用象牙来玩耍或者打架。

有时，象妈妈会用鼻子把食物送进小象宝宝的嘴里。

年轻的母象会帮助象妈妈照顾小象宝宝，为以后当妈妈做准备。

小象则把全部的力气都投入在打闹嬉戏中。

小象在 9 岁之前都一直依赖妈妈生活。当母象长到 10 岁时，就已经是成年象了，这时候它可以当母亲了。而公象要在 12 岁时才能算是成年。

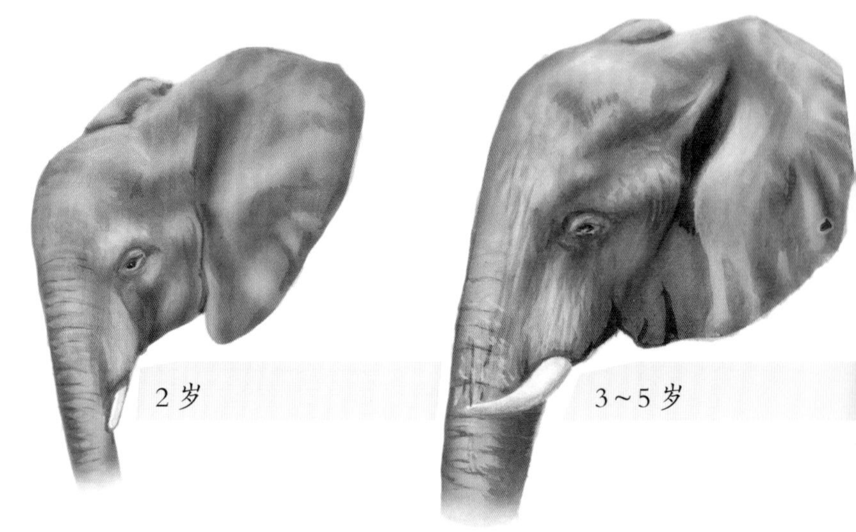

小象在互相嬉戏打闹，这在它们以后的生活中会很有用处。

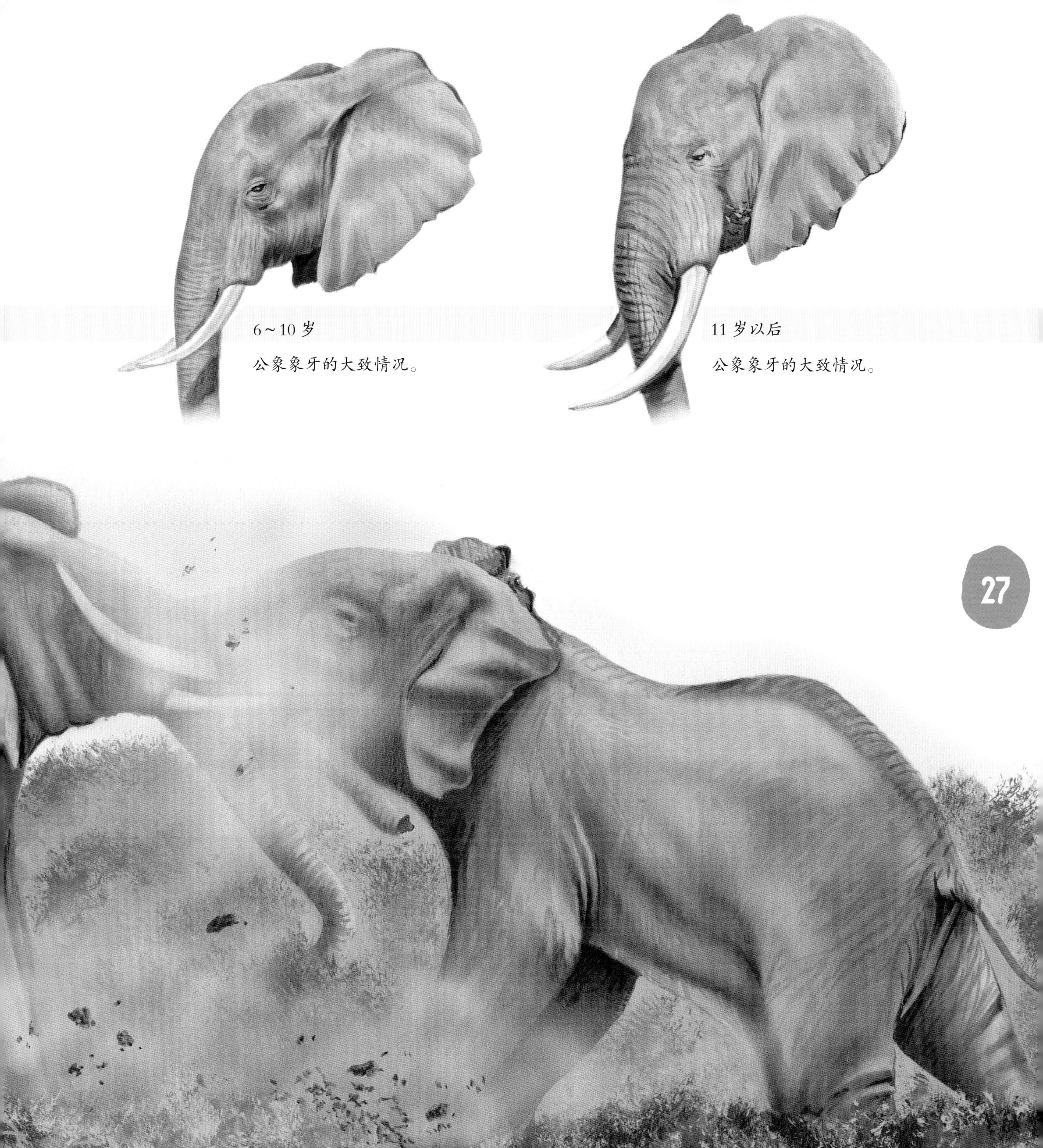

6～10 岁

公象象牙的大致情况。

11 岁以后

公象象牙的大致情况。

大象家族从来不会丢下任何一头小象或行动不便的老年大象。

直到 14 岁，大象都会和母亲一起生活在象群里。

14 岁以后，公象离开家族独自生活或是生活在小团体中。在发情期，它会回到象群中。

大象的寿命最高可达85年。当大象老了时，它会离开象群。有时，年轻的大象会陪伴并保护它一段时间。老年大象需要吃软的植物，因为它们的牙齿已经不如年轻时那么锋利了。

敌人 大型猫科动物和人类

尽管小象在妈妈和象群的保护之下快乐地成长，但是，它们的童年时期还是会面临很多危险。这些小探险家们有时会走得太远，掉进水塘或沼泽中淹死。游玩时也可能被大象从土里拔出的树砸到它们。狮子、老虎、鬣狗是小象和受伤大象的天敌，特别是当它们离开象群保护的时候。

在一片灌木丛后，一头母狮正盯着一头远离象群、在草地上大摇大摆地走着的小象。这时它的妈妈很快发现象群中少了一个孩子，它赶紧去寻找并保护小象。为了吓跑狮子，它一边摇着头，张开耳朵，让自己显得更大，一边发出威胁的怒吼。它抬起象牙，卷起一片尘土，愤怒地冲向母狮。母狮被吓跑了，这种赶走敌人的方式被称做“伪装突袭”。

“伪装突袭”

很少有动物敢对大象正面攻击

由于大象是陆地上最大的哺乳动物，其他的动物都很畏惧它们。有时两头公象会因为争抢一头母象而打起来。它们把耳朵贴到后面，把鼻子放到旁边，用象牙来攻击对方。它们可不想伤到自己的鼻子。鼻子是大象身上最重要的部位，因为它的用处实在是太多了，吃饭、呼吸、洗澡、赶走其他动物等都离不开鼻子。

如果大象在和狮子、老虎的打斗中伤到了鼻子，它们存活的概率就很低了。

很少有动物敢对抗大象

在很长一段时间内，人类是大象的头号天敌。人们为了获取象牙对大象进行了残忍的杀戮。幸运的是，为了阻止杀戮，象牙贸易现在已经被禁止。在非洲和亚洲，大象经常出没的区域都建有自然保护区，大象可以完全自由地在那里生活。

我们学到了什么

为什么大象洗完澡要在地上打滚？

谁是大象家族的首领？

大象之间怎么互相交流？

当一头大象受伤时，其他大象会怎么做？

大象一天中大部分时间在做什么？

大象家族怎么睡觉？

大象的鼻子和象牙分别都有什么用途？

谁会照顾和哺育小象？

小象都喜欢做什么游戏？

当狮子袭击小象时，象妈妈会怎么做？